Bibliografische Information der Deutschen Nationalbibliothek:

Die Deutsche Bibliothek verzeichnet diese Publikation in der Deutschen National-
bibliografie; detaillierte bibliografische Daten sind im Internet über http://dnb.d-
nb.de/ abrufbar.

Impressum:

Copyright © 2017 GRIN Verlag
Druck und Bindung: Books on Demand GmbH, Norderstedt Germany
ISBN: 9783668992757

Dieses Buch bei GRIN:

https://www.grin.com/document/496534

Alexander Steding

Inwiefern hat Adam Riese die Mathematik weiterentwickelt und damit die Renaissance beinflusst?

GRIN Verlag

GRIN - Your knowledge has value

Der GRIN Verlag publiziert seit 1998 wissenschaftliche Arbeiten von Studenten, Hochschullehrern und anderen Akademikern als eBook und gedrucktes Buch. Die Verlagswebsite www.grin.com ist die ideale Plattform zur Veröffentlichung von Hausarbeiten, Abschlussarbeiten, wissenschaftlichen Aufsätzen, Dissertationen und Fachbüchern.

Besuchen Sie uns im Internet:

http://www.grin.com/

http://www.facebook.com/grincom

http://www.twitter.com/grin_com

Inhaltsverzeichnis

1 Was ist Mathematik?

Mathematik begegnet uns in unserem Leben täglich und eines abseits von ihr ist kaum vorstellbar. Unser „neuer bester Freund", das Smartphone, beruht auf unzähligen Algorithmen, die alle ineinander greifen. Ein Beispiel gefällig ? Der sogenannte Greedy-Algoritmus, den Alphabet (der Mutterkonzern von Google) in einem Update 2012 in Google Maps implementierte, sorgte dafür, dass die Dichte der Touristen an interessanten Orten berechnet werden konnte und somit Vorhersagen zur Auslastung der „Points of Interest" möglich wurden.[1] So sparten viele Menschen Zeit und Nerven, allein mit Hilfe der Mathematik. Aber auch das Smartphone bzw. jeglicher Computer berechnet ständig Ergebnisse, um eine Aktion auszuführen. So wird jede Aktion, die z.B. mit C++ oder Java geschrieben wird, in eine Binärsprache übersetzt, also ein Code, der aus den Zahlen Null und Eins besteht. Damit der entsprechende Computer den Willen des Menschen auch verstehen kann.

Doch was genau ist eigentlich Mathematik? Tatsächlich ist es bis heute schwer, eine triftige Definition aufzustellen, die die Mathematik in ihrer Gänze zusammenfasst. Nicht allein, weil die Bandbreite der Mathematik sehr umfangreich ist und von Arithmetik , dem Rechnen mit den Grundrechenarten, bis hin zur höheren Infitisimalrechnung , der Beachtung eines Wertes, der sich unendlich lange der Zahl Null annähert[2], erstreckt. So ist die Mathematik mit anderen Naturwissenschaften streng verwoben, z.B. ist die „e-Funktion" in der Physik nötig, um die Entladung eines Kondensators grafisch darzustellen. Auch in der Biologie, um das Wachstum von E. Coli-Bakterien oder in der Chemie die Reaktionsgeschwindigkeit der Hydrolyse von Zucker möglichst exakt darzustellen. Sondern vor allem, weil die Mathematik die unnatürlichste der Naturwissenschaften ist! Jean Michel Besnier beschrieb in seiner „Théorie de la connaissance", dass eine Naturwissenschaft zwangsläufig einen Erkenntnissgegenstand besitzen muss. Dieser ist z.B.in der Chemie die Lehre von den Teilchen und Atomen oder in der Physik die Naturgesetze,und müsste von dem Menschen nur gefunden werden muss, jedoch allzeit existent ist[3]. Die Mathematik hingegen ist eine rein menschliche Erfindung. Das Dezimalsystem gibt es beispielsweise nur aufgrund der Tatsache, dass der Mensch zehn Finger hat. Die gesamte Mathematik wäre also eine andere, wenn der Mensch nur sieben Finger hätte. Ergo ist Mathematik nur abhängig von dem Menschen an sich.

Da verwundert es nicht, dass die größten mathematischen Revolutionen in der Renaissance bzw. dem Humanismus stattgefunden haben. Eine Epoche des „Wiederauflebens der Antike"[4] und einer auf den Menschen gerichteten Denkweise. Einer der größten und bekanntesten Köpfe der Mathematik zur Zeit der Renaissance war Adam Riese,

---

[1]Költzsch, Mit Google Maps die interesanten Ecken finden, 26.7.2016
[2]Lotter, Infitisemalrechnung, 2016
[3]vgl. Brock, 1997, S. VII
[4]Pfilzer, 2015, S.12

wohl am ehesten bekannt durch das Zitat: „ Nach Adam Riese macht das[...]". Inwiefern Adam es geschaft hat die Mathematik weiterzuentwickelt,seine Ambitionen und Intensione sowie die Auswirkungen, die er auf die Renaissance mit besonderem Hinblick auf die Kunst hatte, werde ich auf den folgenden Seiten darlegen.

2 Adam Riese

„Seine Exempel sind so künstlich und sinnreich, dass man damals den für den vollkomensten Rechner hielt, der alles auslösen konnte, was in Adam Risens Buch stand."[5]

Adam Riese[6] war wohl einer der bekanntesten Mathematiker Deutschlands, neben Gottfried Wilhelm Leibniz, aber vor allem einer der frühesten. Er gilt zwar als „ der Vater des modernen Rechnens"[7], gemeinhin ist über ihn aber eher wenig bekannt. Einige wissen zwar, dass er den Titel des Rechenmeisters innehatte, was das sei, wüssten sie jedoch nicht. Der Rechenmeister war nämlich nicht nur ein Titel, sondern mit ihm war gleichzeitig auch ein Beruf bzw. eine Berufsgruppe verbunden. Die Aufgaben reichten von Kassenverwaltung über Steuererhebung bis hin zur Landvermessung[8], aber sie fungierten auch als Lehrer für Mathematik und Deutsch sowie Autoren wissenschaftlicher mathematischer Arbeiten. Sie vereinten also sowohl theoretische Mathematik als auch deren praxisnahe Anwendung innerhalb eines Berufes. Und obwohl die Ausbildung bis zu sieben Jahre dauern konnte[9] und es so viel Geld verschlang(alleine die Prüfungsgebühren für die sechsstündige Endprüfung beliefen sich auf „200 Gulden"[10]), dass sie es sich meist autodidaktisch beibrachten, mussten viele Rechenmeister „um zu überleben[,] ein weiteres Gewerbe ausrichten"[11].

Also musste man, wenn man diesen Beruf ausüben wollte weitaus mehr mitbringen, als einzig und allein den Willen, damit möglichst viel Geld zu verdienen.Und trotzdem wagten sich viele am Anfang des 16. Jahrhunderts diesen steinigen Pfad zu gehen.Vor allem"Johan Hemeling aus Hannover"[12] oder "Heinrich Meißner aus Hamburg"[13] galten neben Riese als Pioniere und Koryphen auf diesem Gebiet. Um nun zu verstehen, warum

---

[5]Rochus Friedrich Graf Lynar (1708-1783)
[6]Der Nachname Riese ist zwar heutzutage weitestgehend anerkannt, aber unterschiedliche Schreibweisen haben sich denoch erhalten. Riese selbst wählte aus einer Vielzahl von Variationen seines Nachnamens aus darunter auch Riss, Ryße, Rihs und Rieeß. Die Gründe dafür sind nicht bekannt.
[7]Rochhaus, 2008, S.3
[8]vgl. Rochhaus, 2008, S.9
[9]vgl. Rochhaus, 2008, S.9
[10]Rochhaus, 2008, S.10
[11]Rochhaus,2008, S.9
[12]Rochhaus, 2008, S.13
[13]Rochhaus, 2008, S.13

Adam Riese Rechenmeister wurde und um seine Amitionen und Intension nachzuvollziehen, muss man zunächst einen Blick auf das Leben von Adam Riese werfen.

2.1 Leben

2.1.1 Jugend und Ausbildung

Über die „jungen Jahre" von Adam Riese ist tatsächlich eher weniger bekannt. Auch über sein Geburtsdatum gibt und gab es Streitigkeiten. Einzig der Schriftzug „ Anno Domini 1550 Adam Ries seines Alters im LVIII[58]"[14] lässt auf das Geburtsjahr 1492 schließen. Sein Geburtsort hingegen ist durch den Titel seines zweiten Buches „Rechnung auf der linihen gemacht durch Adam Risen vonn Staffelsteyn"[15] eindeutig auf Staffelstein, heute eine Kurstadt in Oberfranken[16] , zu begrenzen. Diese war bereits zur damaligen Zeit eine wirtschaftlich starke Kleinstadt. Adam Riese selbst stammt aus einem reicheren Milieu, sein Vater Contzt Riese war im Besitz „mehrerer Häuser und etlicher Weinberge"[17] sowie einer eigenen Mühle. Dadurch war es Adam Riese gestattet, trotz seiner, sieben Geschwister eine Schulbildung zu genießen. Er erlangte dadurch nicht nur elementare mathematische Fähigkeiten, sondern auch eine ausreichende lateinische Bildung. Diese war für ihn von wichtiger und unabdingbarer Bedeutung, denn die meisten Mathematischen Lehrbücher und Abhandlungen wurden zur damaligen Zeit noch auf Latein verfasst. Er selbst sollte später einer der ersten Pioniere auf der deutschsprachigen Mathematik werden. Die Schulbildung hat in ihm aber auch den Willen und das Verlangen geweckt, mehr über die Mathematik, aber vor allem über die Coß in Erfahrung zu bringen. Die Coß(ital. „Cosa"; Ding, Sache)[18] galt eigentlich nur als der mittelalterliche Name für eine Variable in der Algebra, wie z.B. X oder N, wurde in der Renaissance aber sehr oft als Synonym für die deutsche Algebra an sich verwendet. Die Coß befand sich zur damaligen Zeit noch in den Kinderschuhen und war kaum ausgereift[19] . Das führte dazu, dass an den Schulen bzw. bei Privatlehrern das Thema Coß zwar angerissen wurde, aber aufgrund von mangelndem Wissen, vor allem in Kleinstädten und ländlichen Regionen, nicht tiefgreifender behandelt wurde. Da Adam Riese aber unbedingt mehr über jene neue „Geheimwissenschaft Algebra"[20] erfahren wollte, verließ er Staffelstein sehr früh und machte sich vermutlich auf nach Bamberg, um von dem Wissen der ortsansässigen Rechenmeister zu profitieren. Auch in den Jahren nach 1509, versuchte Adam Riese immer wieder sein Wissen über die Coß zu vertiefen und zu erweitern und nutze dazu jede

---

[14]Rochhaus, 2008, S.21
[15]Rochhaus, 2008, S.21
[16]Pospischil,Herzlich Wilkommen in Staffelstein
[17]Rochhaus, 2008, S.22
[18]Wußing, 2010, S. 331
[19]vgl. Herrmann, 2016, S.357
[20]Rochhaus, 2008, S.32

Möglichkeit, die sich ihm bot. Als sein Bruder Conrad beispielsweise die Lateinschule in Zwickau wegen ihres guten Rufes aufsuchte, ließ sich Adam Riese zum sogenannten Substitut, eine Mischung aus Bediensteten und Schüler/ Auszubildenden, von Bartholomäus Otto, einem berühmten Rechen- und Schreibmeister, erheben[21] . Dies förderte erneut seinen unstillbaren Wissensdurst, den Rätseln der Coß auf die Spuren zu kommen. Auch seine gemeinsamen Rechnungen mit Thomas Meiner und Hans Conrad, zwei enge Freunde in Zwickau und Annaberg, förderten dies. Aber auch wenn er mit ihnen einige gute Ergebnisse erzielt hatte, kritisierte er sehr offen die Fähigkeiten anderer, vor allem Nürnberger Rechenmeister : „ hab es persönlich geseen vnd von irnn schlernn glaubwirdig erfarnn[...]Nach dem sie außgelerntt, ir buchlein Zuhanden Nehmen, Wenigk exempel machen [. . .]. Dan keynem exempel Ist vnderrichtung Zu geschriebn."[22] Er übte also vor allem Kritik ab dem sehr theoretischen und frei von Praxis seienden Mathematikunterricht seiner Kollegen, der den Schülern nicht die Kompetenz gab, diese mathematischen Sachverhalte auch im „echten Leben" anzuwenden.

2.1.2 Die Erfurter Zeit

Gleich mehrere Aspekte hatten Adam Riese veranlasst, sich für längere Zeit in Erfurt niederzulassen. Zum einen galt Erfurt aufgrund seiner Lage zwischen mehreren Handelsrouten als einer der wichtigsten wirtschaftlichen Umschlagplätze des 15 Jh. und bot so ein großes Arbeitsangebot für Rechenmeister an. Andererseits besaß Erfurt in der Zeit der Renaissance eine der wichtigsten Universität mit einer Fakultät für Mathematik, an der Adam Riese erhoffte, sein Wissen über die Coß erneut weiter zu vertiefen. Zudem begegnete er erstmals dem Arzt und Landvogt Georg Storzt, der dem armen, noch arbeitslosen Adam Riese Obdach gewährte [23]. Er förderte ihn nicht nur finanziell, sondern stellte ihm auch seine Privatbibliothek zur Verfügung und machte ihn mit wichtigen mathematischen Personen und Humanisten, wie z.B. Eobanus Hessus bekannt. Von eben diesen angespornt, „sein Wissen in Worte zu fassen und drucken zu lassen"[24] , veröffentlichte er schon bald seine erste mathematische Abhandlung in Form eines Buches. Jedoch nicht über die von ihm eifrig studierte Coß, sondern über die Grundlagen der Arithmetik, einen „Beginners Guide" der Mathematik sozusagen. Dies war für die Mathematikgelehrten der Renaissance nichts Besonderes, denn jeder der etwas von sich hielt, hatte einen Erstling über die niedere Arithmetik verfasst[25] . Zudem hätte er mit einem Buch über die Coß nur wenig Menschen erreicht, weil die Coß, als „Geheimwissenschaft"[26] , noch relativ unbekannt war und sich daraus nur ein kleiner Interessenkreis ergab. Für den

---

[21]Vgl. Rochhaus, 2008, S.22-23
[22]Rochhaus, 2008, S.25
[23]Vgl. Rochhaus, 2008, S.28
[24]Rochhaus, 2008, S.29
[25]Vgl. Rochhaus, 2008, S.30
[26]Rochhaus, 2008, S.31

noch arbeitslosen Adam Riese spielte zudem die Aussicht auf einen größeren finanziellen Erfolg bei seinem Erstling über Arithmetik zu. Und mit dieser Vermutung sollte er Recht behalten, denn allein sein Erstling „Rechnung auff der linihen // gemacht durch Adam Riesen vonn Staffelsteyn // in massen man es pflegte tzu lern in allen // rechenschulen gruntlich begriffen anno 1518"[27] wurde in 118 Auflagen veröffentlicht[28].

Daraus ergaben sich für Adam Riese gleich zwei Vorteile: Zum einen konnte er sich selbst eine Wohnung in der Drachengasse mieten und zum anderen brachte ihm das einen allgemein guten Ruf als Mathematiker, sowie vermehrte Arbeitsangebote ein. So dass man, „wenn die Dienste eines Rechenmeisters von Nöten waren, zu sagen pflegte: Geh zu Adam Riesen in der Drachengasse"[29]. Dieser „gute Ruf" verhalf Adam Riese später mehrmals, der katholischen Inquisition in Annaberg, bei der er mehrfach für ein Luther Sympathisanten gehalten wurde, zu entgehen. Riese wurde, durch etwaige politische Umbrüche in Erfurt dazu gezwungen, andernorts mehr über die Coß in Erfahrung zu bringen und nutzte so das Angebot seines „alten Freundes" Storzt, als Finanzverwalter der Bergwerke von der Familie Storzt in Annaberg tätig zu werden. Dort war er auch Besitzer einer „ groß[en] [...], gut besucht[en] [und] [vorallem] einen guten Ruf besizte[nden] Rechenmeisterschule"[30]. Er hatte in Annaberg endlich die Zeit gefunden, an seiner Coß, welche er selbst immer als sein Hauptwerk, zumal seine Arbeit an dieser schon in Erfurt begonnen hatte, betrachte, weiterzuarbeiten. Umso tragischer erscheint es, dass er selbst sein Lebenswerk nie zu Ende bringen und veröffentlichen konnte. Sein Sohn Abraham Riese hatte das Buch zwar vollendet, aufgrund mangelnden finanziellen Ressourcen, sah er sich jedoch dazu gezwungen, nur einige Teile drucken zu lassen. Auch der erhoffte Erfolg blieb aus und die Coß von Adam Riese wurde von den Mathematikern seiner Zeit als „ zwar vollständige Sammlung des algebraischen Wissen des beginnenden 16. Jahrhunderts, jedoch ohne neue mathematische Gedanken, aber als vorbildliche Aufgabensammlung"[31] auf 327 Seiten rezensiert.

2.1.3 Resümee

Resümierend hatte Adam Riese zwei große Motive, die ihn dazu führten, die Mathematik der Renaissance zu verändern und weiterzuentwickeln. Auf der einen Seite trieb ihn die Erforschung der Coß nicht nur durch sein gesamtes Leben, sondern in ihm lag auch der Wille, dass die Coß allgemein hin anerkannt wurde und nicht mehr als Geheimwissenschaft erschien. Der Mensch sollte den Vorteil der Algebra erkennen und die Variablen nicht mehr als Hexen- oder Teufelswerk, ein Relikt aus dem Mittelalter, einstufen. Ande-

---

[27]nach Rochhaus, 2008, S.30
[28]Vgl. Rochhaus, 2008, S.53
[29]Rochhaus, 2008, S.32
[30]Rochhaus, 2008, S.47
[31]Rochhaus, 2008, S. 60

rserseits lag ihm am Herzen, sein Wissen dem Leser so zu vermitteln, dass dieser es auch nachhaltig verstehen konnte. So war Adam Riese einer der ersten, der seine Rechenbücher auf Deutsch und nicht auf Latein schrieb.

Er erreichte auf diese Art erstmals auch die wenig gebildete Unterschicht, die sich keinen Lateinunterricht leisten konnte. Riese wollte, dass Mathematik für alle zugänglich und leicht verständlich war und auch die praktischen Seiten der Mathematik angesprochen wurden. Im Gegensatz zu seinen Kollegen schaffte er es auch, die Methodik durch viele Vergleiche verständlich zu machen und durch besondere Herangehensweisen seinen Lesern im Gedächtnis geblieben war. „Vom Lindwurm" ist z.B. der Titel einer Aufgabe, die als Gedicht in Vers und Reimschema die einfache Subtraktion in komplexeren Termen veranschaulicht[32] . Dabei lieferte er, wie bei seinen meisten Aufgaben auch, nicht nur einen Lösungsansatz, sondern auch sehr detailliert, wie auf die Lösung zu kommen ist. Mit solchen ausgefallenen Lyrik Einschüben schaffte er es, Mathematik nicht staubig und langweilig darzustellen, sondern mit „lust vnd frölickeit"[33] seinem Leser schmackhaft zu machen.

2.2 Bücher und Werke

2.2.1 Das Rechnen auf der Linien

Sein Erstlingswerk „Rechnung auff der linihen" war im Prinzip als ein Einsteigerwerk in die Mathematik geschrieben. Dieses stellte, entgegen vieler anderer Rechenbücher zur damaligen Zeit, an seinen Leser kaum Anforderungen oder Vorabwissen. Das „Rechnen auf der Linien" sollte als Einstig in die Mathematik gelesen und wahrgenommen werden. Er gibt der Leserschaft Wissen über die Mathematik, wie es mit einem heutigen Grundschulabschluss zu vergleichen wäre. Die Anfängerfreundlichkeit zeigt sich bereits auf den ersten Seiten, bevor Riese mit der Arithmetik beginnt, erklärt er detailliert das „Numerirn"[34] , ergo das Zählen mit dem Dezimalsystem, mit der rechten und linken Hand als Orientierungshilfe. Ebenso greift er das ordentliche Benennen einer Zahl auf. Der einzige Unterschied zu unserem heutigen Zählsystem besteht darin, dass Riese anstelle einer Zahl, die größer als Tausend ist, nicht z.B. eine Million, sondern Vielfache von Tausend schreibt. Er zählt die Zahl von rechts und setzt dabei„ auff [jede] vierd ein pünktlin als auffs tausent"[35] und bei jedem Punkt von rechts gelesen tausend X mal tausend sprechen, wobei X die Anzahl der Punkte von rechts gelesen ist. Bei der Zahl 86.789.325.178 würde man so auf die fünf, neun und sechs einen Punkt setzen, ergo 86.789.325.178.

---

[32]Vgl. Rochhaus, 2008, S.55
[33]Rochhaus, 2008, S.54
[34]Riese, 1518, S. 3
[35]Riese, 1518, S. 3

Gleichzeitig sollte man nicht wie wir heutzutage sechsundachtzigmiliardensiebenhunder-neunundachtzigmilionendreihundertfünfundzwanzigtausendeinhundertachtundsiebzig lesen, sondern „sechs und achtzig tausend mal tausend mal tausend siebenhundert tausend mal tausend neun und achtzig tausend mal tausend drei hundert tausend fünf und zwanzig tausend ein hundert und acht und siebzig"[36] . Bei der einfachen Arithmetik wurden in der Zeit der Renaissance vor allem zwei Möglichkeiten angewandt, um Additions-, Subtraktions-, Multiplikations- oder Divisionsaufgaben zu lösen: das Rechnen auf der Linie und das Rechnen auf der Feder. Ersteres ist im Prinzip die Übertragung eines Abakus, eines Rechenschiebers, auf die Papierebene. Wie bei eben jenem auch gab es bei dem Rechnen auf den Linien vorwiegend vier waagerechte Linien, die den römischen Ziffern I (1), X (10), C (100) und M (1000) zugeordnet wurden[37] , wobei man an die „M"-Linie ein Andreaskreuz zur Übersichtlichkeit bei mehr als vier Linien setzte. Zudem galt der Freiraum zwischen den Linien, auch „Spacien"[38] genannt, als die Hälfte des Wertes, der ihr oberhalb liegenden Linie, so dass z.B. die Spacie zwischen der X- und C-Linie den Wert 50 erhielt. Die senkrechten Linien, auch „Bankiere"[39] , trennten hingegen die unterschiedlichen Zahlenwerte innerhalb der gestellten Aufgabe voneinander ab[40]. So konnten z.B Aufgaben gelöst werden in denen verschieden Geld-Einheiten(Florin, Frank-furter Gulden, Leipziger Gulden, usw).verwendet wurden. Für die damalige Zeit ein recht häufig vorkommendes Problem. Bei der Addition verschiedener Werte „legte" man diese

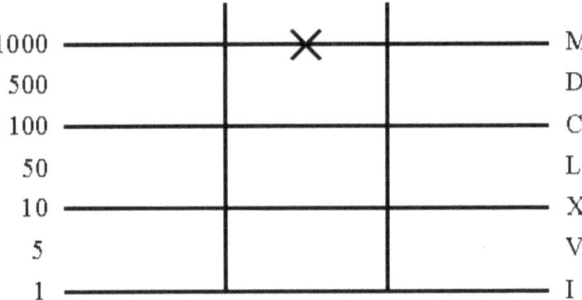

Abbildung 1: Das Rechenschema nach Adam Riese

auf wertgleiche Linien, z.B. für die Zahl sechs legte man einen „Rechenpfennig" [41] auf die „I"-Linie und einen in die „V"-Spacie. Waren alle Aufgabenwerte auf dem Rechen-schema platziert, konnte die Technik des Elovierens, des Zusammenfassens angewendet werden. So konnte man für zwei „Rechenpfennige" in einer Spacie einen in die darüber

[36]Vgl. Riese, 1518, S.3-4
[37]Vgl. Rochhaus, 2008, S.51
[38]Vgl. Riese, 1518, S.8
[39]Riese, 1518, S.8
[40]Vgl. Rochhaus, 2008, S.51
[41]Rochhaus, 2008, S.52

liegende Linie legen oder fünf aus einer Linie in die darüber liegende Spacie legen[42] . Das genaue Gegenteil dazu stellt die sog. Resolutio, also das Vermindern dar, die für Subtraktion und Divisionsaufgaben benötigt wurde. Hatte man erfolgreich die Evolutio bzw. Resolutio angewendet, konnte man das Ergebnis einfach an der Position der Rechenpfennige ablesen. Bei der Multiplikation greift man auf die Lösungsweise der Addition zurück, nur mit dem Unterschied, dass der Multiplikator, der erste Faktor, sooft auf die Linien gelegt wird, wie es der Multiplikant, der zweite Faktor, vorgibt[43] . Dieses Prinzip war zwar relativ leicht zu vermitteln und aufgrund der Ähnlichkeit mit dem Abakus auch sehr einfach zu verstehen, aber es eignete sich nur für einfache Rechenaufgaben. Bei größeren Zahlen bzw. mehreren Operatoren geht sowohl die Übersicht, als auch die Benutzerfreundlichkeit verloren.

2.2.2 Das Rechnen auf der Feder

Deshalb entwickelten die Rechenmeister der Renaissance eine Alternative, aus dem arabischen Raum stammende Technik, weiter. Adam Riese berief sich dabei auf die Kenntnisse von „Mohamed ibn Mŭsă Alchwrarismĭ"[44] und veröffentlichte sein zweites und zweit erfolgreichstes Buch „Rechnung auff der Linihen vnd Federn / Auff allerley handthirung gemacht / durch Adam Risen"[45] . Der große Unterschied liegt in der Wahl arabischer Zahlen anstatt von römischen, da mit diesen wesentlich leichter und schneller gerechnet werden konnte. Ein Großteil des Buches nimmt das Rechnen auf der Feder ein, das dem schriftlichen Rechnen aus unserer Zeit am Nächsten kommt. Bei dem Addieren und Subtrahieren wurden die Zahlen in ihrem Wert rechtsbündig untereinander geschrieben und durch einen Rechenstrich von dem Ergebnis abgetrennt. Dieses ergab sich in dem, angefangen mit den Einern bis hin zu den Tausendern, die untereinander stehenden Ziffern einzeln addiert wurden. Dabei greift auch wieder das Prinzip der Evolation: Überschreitet

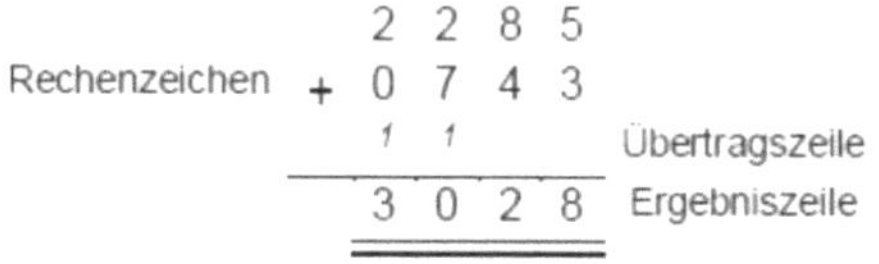

```
                       2  2  8  5
Rechenzeichen      +   0  7  4  3
                       1  1          Übertragszeile
                   ─────────────
                       3  0  2  8    Ergebniszeile
                   ═════════════
```

Abbildung 2: Das Schrifftliche Addieren

z.B. die Summe der Zehner den Wert neun, so wird der Zehner in die Summe der Hunderter übertragen. Am Beispiel von Abbildung 2 überträgt man bei der Addition von acht und vier die zehn in die Summe der Hunderter und schreibt bei den Zehnern eine zwei.

---

[42]Vgl. Riese, 2008, S.9-10
[43]Fothe, 2009, S.3
[44]Rochhaus, 2008, S.51
[45]Riese, 1518, S.1

Ähnliches gilt für die schriftliche Subtraktion, nur dass anstatt einzelner Summen, Differenzen gebildet werden. Bei dem Multiplizieren wird, ähnlich dem Rechnen auf den Linien auf die Addition aufgebaut. So wird der erste Faktor, wie in Abb. 3 dargestellt, zuerst mit der ersten Ziffer und dann mit der zweiten Ziffer des Zweiten Faktors multipliziert und anschließend untereinander geschrieben. Diese können nun wie bei der schriftlichen Addition zusammengerechnet werden. Gleiches gilt anders herum für die Division auf der Feder, bei der die Subtraktion angewendet wird.

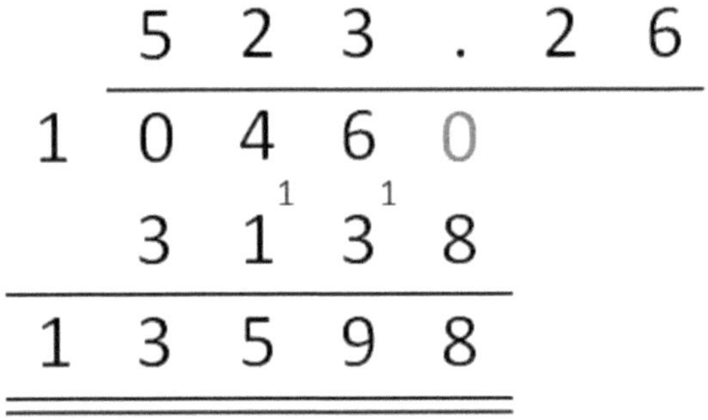

$$
\begin{array}{ccccccc}
 & 5 & 2 & 3 & . & 2 & 6 \\
\hline
1 & 0 & 4 & 6 & & 0 & \\
 & 3 & 1 & 3 & 8 & & \\
\hline
1 & 3 & 5 & 9 & 8 & &
\end{array}
$$

Abbildung 3: Multiplikation auf der Feder

Neben der einfachen Arithmetik greift er auch den Dreisatz und die Regula falsi auf. Das sogenannte „Systematische Probieren"[46] oder auch der „zweifache falsche Ansatz"[47] waren jedoch weniger für den alltäglichen Gebrauch, als viel mehr zur Bewältigung humorvoller Knobelaufgaben gedacht. Man verfolgt dabei unterschiedliche Lösungsansätze und diagonalisiert diese am Ende.Als Beispiel: „Ein Sohn fragt den Vater, wie alt er sei. Der Vater antwortet:" Wenn du noch einmal so alt wärest, wie du bist und dazu halb so alt und ein Viertel so alt, so wärest in einem Jahr 100"[48] Zuerst formen wir die entsprchände Funktion:

$$
X + X + \frac{1}{2}X + \frac{1}{4}X + 1 = 100 \tag{1}
$$

Danach setzen wir für X eine willkürliche, aber dennoch realistische Zahl z.B. 40 ein überprüfen dieses dann:

$$
40 + 40 + 20 + 10 + 1 = 111 \neq 100 \tag{2}
$$

---

[46]Riese, 1518, S.312
[47]Riese, 1518, S.313
[48]Riese, 1518. S.313

Damit ist (2) nicht die Lösung der Aufgabe. Das gleiche probieren wir nun mit einer anderen Zahl z.B 48.

$$48 + 48 + 24 + 12 + 1 = 133 \neq 100 \tag{3}$$

So stellen wir fest, dass (3) auch nicht die Lösung für das Problem sein kann. Wir multiplizieren nun unsere erste Vermutung (40) mit der Differenz des Ergebnisses aus der zweiten Vermutung(133) mit der Realität(100), und das gleiche für die zweite Vermutung. Ergo rechnen wir:

$$40 * 33 = 1320$$

$$48 * 11 = 528$$

und ermitteln die Differenz der Produkte,

$$1320 - 528 = 792$$

Das Ergebnis muss nun nur noch durch die Differenz der Einzeldifferenzen$\Delta 2(133 - 100 = 33)$ und$\Delta 1(111 - 100 = 11)$ geteilt werden.

$$\frac{792}{(\Delta 2 - \Delta 1)}$$

$$\frac{792}{(33 - 11}$$

$$\frac{792}{22} = 36$$

Setzen wir diese Zahl nun in unsere Ursprungsgleichung ein erhalten wir die Bestätigung:

$$36 + 36 + 18 + 9 + 1 = 100$$

Die reale Anwendung außerhalb solcher Knobelaufgaben setzte sich jedoch aufgrund ihrer vergleichsweisen hohen Komplexität nicht durch und blieb nicht mehr als ein „Gimmick, welches später durch die Coß und einfache Quadratische Gleichungen, wie z.B.$ax^2 + bx + c = 0)$ [49] abgelöst wurden. Die Arbeit über die Coß konnte Adam Riese zwar nicht mehr selbst veröffentlichen, aber sein Sohn Abraham Riese publizierte sein über 500 Seiten langes Manuskript. Dieses besaß die für Riese typische einfache Sprache sowie, klar erklärte Beispielaufgaben.

---

[49]Wußing, 2010, S. 335

2.3 Adam Riesens Wirken auf die Mathematik in Renaissance und Gegenwart

„Gib einem Mann einen Fisch und du ernährst ihn für einen Tag. Lehre einen Mann zu fischen und du ernährst ihn für sein Leben"[50].

Adam Riese ist, die zur Person gewordenen Aussage dieses Zitates. Durch seine leicht zu verstehenden Werke, die zu einem Großteil aus Beispiel Aufgaben, welche minuziös vorgerechnet wurden, bestanden, lehrte Adam Riese tausenden Menschen, den „Mathematik-Fisch" zu fangen. Bei seinen Exempeln hat er sich dabei aus ganz alltäglichen Situationen bedient und extra in die jeweilige Berufsgruppe, z.B. das Backhandwerk[51] eingearbeitet. Die Aufgaben wirkten dadurch nicht nur sehr authentisch, sondern sie waren durch ihre Realitätsnahe auch besonders ansprechend. Er machte für die aus dem Mittelalter stammende kaum gebildeten Menschen durch seine Verwendung der deutschen Sprache, Mathematik massentauglich und zugänglich. Ein „Luther der Mathematik" sozusagen. Das war für die damalige Gesellschaft ein wahrer Segen, denn es kam nach der mittelalterlichen „Tauschwirtschaft" in der Renaissance endgültig zu einer „Monetariatswirtschaft"[52] , bei der die Kaufleute die einfachen, nicht rechnenden Bürger „übers Ohr hauen konnten". Riese gab den Menschen der Renaissance ein Stück Selbständigkeit. Gleichzeitig inspirierte er viele andere Geistliche und Literaten dazu, ihre Werke auf deutsch zu veröffentlichen: Deutsch wurde so allgemein als Sprache der Wissenschaften neben Latein anerkannt. Obgleich Adam Riese keine „Wissenschaftliche Revolution" geschafft hatte und seine Werke kaum neue Erkenntnisse[53] mit sich brachten, spornte er trotzdem Millionen Menschen an, sich mit Mathematik zu beschäftigen. Auch heute noch sind die Werke von Adam Riese von Bedeutung. Man werfe seinen Blick nur einmal in die Grundschul-Mathematik, bei der bis heute das Rechnen auf der Feder, wenn auch in leicht abgewandelter Form, unterrichtet wird. Adam Riese darf also zu Recht als „Vater der modernen Rechnens"[54] bezeichnet werden.

3 Die Fibonaccifolge

Nicht nur Adam Riese hat es geschafft die Mathematik der Renaissance zu verändern. Ähnliches gelang auch seinem italienischen Kollegen Leonardo aus Pisa oder eher be-

---

[50]Konfuzius *551 v. Chr. †479 v. Chr
[51]Vgl. Rochhaus, 2008, S. 65
[52]Wüßing, 2010, S. 291
[53]Rochhaus, 2008, S. 51
[54]Rochhaus, 2008, S.3

kannt unter dem Patronym[55] Leonardo Fibonacci. Obwohl dieser eigentlich im 13. J.h., genauer von 1170- 1240 [56], gelebt hatte, fallen seine Werke trotzdem in die Zeit der Renaissance, da sie dort erstmals auf Resonanz gestoßen waren. Fibonacci war im Gegenteil zu Adam Riese direkt in eine Händlerfamilie hinein geboren und konnte so von seiner Kindheit an eine enge Bindung an die Mathematik aufbauen[57]. Seine Werke sollten nicht an die allgemeine Bevölkerung gerichtet sein, sondern wandten sich explizit an eine elitäre Gruppe von Menschen, „die an schwierigen, abstrakten Fragen interessiert war[en]"[58] . Besonders sein 1202 veröffentlichtes „Liber abbaci", ein Gesamtwerk über verschiedenste Rechenvorgänge , ermöglichte ihm den Durchbruch als „erster moderner Mathematiker"[59]

. Aber vor allem eine Aufgabe aus dem Kapitel der Unterhaltungsmathematik begeistert bis heute: „Das Kaninchenproblem"[60] . Aufgrund der Tatsache, dass Kaninchen als sehr fruchtbar, teils sogar als Plage, gelten, formulierte Fibonacci die Aufgabe: „ Wie viele Kaninchenpaare können innerhalb eines Jahres entstehen, wenn jedes Paar ab dem zweiten Lebensmonat jeden Monat ein weiteres Paar hervorbringen?"[61]

Zur Lösung benutzte Fibonacci einen Graphen, bei dem er die Gesamtanzahl an Kaninchen im Verlauf der Zeit in Monaten auftrug. Auffällig war, dass die Gesamtanzahl immer der Summe der vorhergegangenen Monaten entsprach. Fibonacci bildete daraus die rekursive Gleichung:

$$f_n = f_{n-1} + f_{n-2}$$

Wenn man nun eins als Anfangswert F0 definiert, entstehen die Fibonacci Zahlen: 1,1,2,3,5,8,13 usw.. Die Fibonaccifolge lässt sich praktisch in vielen verschiedenen Wachstumsprozessen aber auch in natürlichen Proportionen, z.B. der Anordnung von Sonnenblumenkernen innerhalb des Blütenstandes oder den Aufbau der Milchstraße, nachweisen.

4 Der Goldene Schnitt

Die mathematisch interessanteste Anwendung der Fibonaccifolge findet sich jedoch bei dem sogenannten „Goldenen Schnitt" bzw. der „Goldenen Zahl", ausgedrückt durchϕ (Phi), die bereits in der Antike von Euklid von Alexandria in seinem Werk „Die Elemente", vermutet wurde[62]. Die Goldene Zahl gibt ein Teilungsverhältnis einer Strecke oder

---

[55]Ein Nachname der aus dem Vornamen des Vaters besteht und allen Familienmitgliedern verfügbar ist
[56]Wußing, 2010, S. 312
[57]Vgl. Wußing, 2010, S. 314
[58]Wußing, 2010, S. 314
[59]Wußing, 2010, S. 313
[60]Wußing, 2010, S. 315
[61]Nach Corbalán, 2017, S.33
[62]Corbolan, 2017, S.21

eines anderen geometrischen Körpers an, die genau so geteilt wurde, dass die Strecke „besonders harmonisch"[63] wirkt. Diese Harmonie wird erreicht, wenn z.B die Strecke AB an dem Punkt T geteilt wird.

Wir erhalten daraufhin zwei Teilstrecken "1und ÄB-1", die zusammen die Strecke AB ergeben. Um den Wert für ϕ zu errechnen, müssen wir nun dividieren und die Formel nach AB auflösen, so dass es folgendes ergibt:

$$AB = \frac{1 + \sqrt{5}}{2}$$

Wir erhalten als das Ergebnis:

$$\phi \sim 1,618$$

[64]

Ergo muss die längere Strecke um den Faktor 1,618 länger sein als die Kurze, um besonders harmonisch und ansprechend zu wirken. Auf den ersten Blick scheint ϕ nicht sonderlich viel mit der Fibonaccifolge gemein zu haben, jedoch fand Luca Paciolie in seiner „De Divinia Proportione" [65] 1509 eine erstaunliche Gemeinsamkeit heraus. Wenn wir den Quotienten aus zwei nacheinander folgenden Fibonaccizahlen bilden

$$\frac{A_n}{A_{n-1}}$$

, erhalten wir ab N=5 einen Zahlenwert, der sich ϕ immer weiter annährt und nur noch in einigen Nachkommastellen unterscheidet. Der Goldene Schnitt fand sowohl Verwendung in der Renaissance, vor allem durch Albrecht Dürer, z.B. „Selbstbildnis mit Landschaft", als auch in der heutigen Zeit unter anderem in dem Design von Kreditkarten. Aber ähnlich wie die Fibonaccifolge bleibt auch der Goldene Schnitt im Vergleich zu Adam Rieses Werken lediglich eine „nette Spielerei", die keinen realen Nutzen für die Bevölkerung bot und einzig der Unterhaltung diente.

5 Fazit

Die Renaissance war in der Tat eine wichtige Station für die Mathematik. Adam Riese hat es nicht nur mit seinem zweiten Rechen Buch „Rechen auf der Linie und Feder" endgültig geschafft, die Mathematik für jedermann zugänglich zu machen, auch gab es eine Vielzahl an neuen mathematischen Entdeckungen, wie das erstmalige Rechnen mit algebraischen Gleichungen und Formeln. Gleichzeitig begann die Mathematik nahe-

---

[63]Corbolan, 2017, S.12
[64]Vgl. Nach Corbolan, 2017, S.25-26
[65]Nach Corbolan, 2017, S.25-26

zu in jedes andere Fachgebiet überzugehen. Albrecht Dürer bemächtigte sich bei seinen künstlerischen Arbeiten der mathematischen Konstante ϕ, Kopernikus konnte mit Hilfe mathematischer Gleichungen die Rotation und Position von Planeten bestimmen, Paracelsus entdeckte erste Ansätze von Mathematik bei der richtigen Dosierung von Medikamenten. Obgleich es der Mathematik an einem Erkenntnisgegenstand fehlen mag, hat sie bereits in der Renaissance bewiesen, dass sie die „Hilfswissenschaft Nr.1"ist. Überall wurde sie vom Menschen benötigt, ob beim alltäglichen (Ver-)Handeln, oder der Unterhaltung, Mathematik wurde durch Fibonacci, Riese und Dürer überall prägnant. Die Mathematik führte, wie andere Wissenschaften auch, zu einer Weiterentwicklung des Renaissance-Ideals mit dem Menschen im Mittelpunkt, indem sie alternative Fakten zu Phänomenen oder Antworten auf Christlich-theologischen Fragen lieferte.

Historisch gesehen steht mit der Entwicklung der Differential- und Integralrechnung von Leibniz und Newton noch ein Thema aus, das unsere Gesellschaft für immer verändern sollte.

6 Quellenverzeichniss

6.1 Literaturverzeichniss

Brock, Wiliam H.: Viewegs Geschichte der Chemie.1. Auflage, Wiesbaden 1997.

Corbalán, Fernando: Der Goldene Schnitt. Die mathematische Sprache der Schönheit.1. Auflage, Kerkdriel 2017.

Fothe, Michael: Adam Ries und das Rechnen auf den Linien.1. Auflage, Jena 2009.

Herrmann, Dietmar: Mathematik im Mittelalter.Die Geschichte der Mathematik des Abendlands mit ihren Quellen in China, Indien und im Islam.2. Auflage, Heidelberg 2016

Riese,Adam: Rechen auf der Linihen.128. Auflage, Erfurt 1508

Riese, Adam: Rechen auf der Linhen und auf der Feder.3. Auflage, Annaberg 1551.

Rochhaus, Peter: Adam Ries. Vater des modernen Rechnens.1. Auflage, München 2008

. Wußing, Hans, 6000 Jahre Mathematik, Eine Kulturgeschichtliche Zeitreise I. Von den Anfängen bis Leibniz und Newton. 1. Auflage, Heidelberg 2008.

6.2 Internetquellen

Költzsch,Tobias : Mit Google Maps die interessanten Ecken finden. 26.7.2016, 12:02 , Online im Internet, URL: https://www.golem.de/news/neue-funktionen-mit-google-maps-die-interessanten-ecken-finden-1607-122342.html [Stand 11.3.2017].

Lotter, Johann Christian: Infinitesimalrechnung. Online im Internet, URL:http://lotter.org/infinity/germ [Stand 11.3.2017].

Popischil: Herzlich Wilkommen in Staffelstein. Online im Internet, URL: http://www.bad-staffelstein.de/ [Stand 11.3.2017].

6.3 Grafikverzeichniss

```
http://www.landhaus-monika.de/images/adam_riese.jpg
https://www.tinohempel.de/info/mathe/ries/aufbau.gif
https://www.minet.uni-jena.de/preprints/fothe_09/Fothe-Linienrechnen.
pdf
http://www.mathe-lexikon.at/media/advanced_pictures/multiplizieren_mit_
zweistelliger_zahl_5.jpg
```